1er CAHIER.

De
L'AGRICULTURE
EN
QUINCONCE,

AU MOYEN D'UN NOUVEAU SYSTÈME D'INSTRUMENTS.

PARIS,
IMPRIMERIE ET LIBRAIRIE D'AGRICULTURE ET D'HORTICULTURE
DE Mme BOUCHARD-HUZARD,
RUE DE L'EPERON, 5.

Prix 50 centimes.

DE L'AGRICULTURE

EN

QUINCONCE,

AU MOYEN D'UN NOUVEAU SYSTÈME D'INSTRUMENTS.

DU RAYONNEUR-SARCLOIR.

DU SEMOIR A POQUETS.

PARIS,

IMPRIMERIE ET LIBRAIRIE D'AGRICULTURE ET D'HORTICULTURE

DE Mme Ve BOUCHARD-HUZARD,

RUE DE L'ÉPERON, 5.

1854

DE L'AGRICULTURE

EN

QUINCONCE,

AU MOYEN D'UN NOUVEAU SYSTÈME D'INSTRUMENTS.

AVANT-PROPOS.

De toutes les connaissances humaines, l'agriculture est, sans contredit, la plus importante, mais aussi la plus difficile à faire progresser.

Fille du temps et des longues expériences, variée par les climats, par les terrains, par les conditions du travail, elle semble échapper à des règles déterminées.

Et cependant les exemples de grands perfectionnements agricoles ne manquent pas.

Telle nation, telle contrée, a perfectionné ses méthodes de culture et devancé ses voisins.

Les proposerons-nous pour modèles?

Non; l'esprit de routine repousserait trop longtemps l'enseignement des pratiques étrangères. Les localités, les sols, les eaux, l'état atmosphérique diffèrent, et il vaut mieux, dit-on, s'en tenir aux usages anciens et aux notions héréditaires.

Et ces motifs, il faut en convenir, sont souvent plausibles.

Nous recommanderions donc timidement un instrument agricole récemment importé, un nouveau mode d'assolement, même un engrais étranger ou le procédé d'en composer de meilleurs ; mais notre tâche est plus facile et notre conseil plus simple. Voici ce que nous disons aux cultivateurs :

Regardez *votre* culture, grande ou moyenne, faite par ensemencements à la volée, et comparez-la avec *vos* cultures faites par touffes ou poquets. Nous vous donnons pour exemple à vous-mêmes; nous écartons toute comparaison éloignée, tous progrès douteux, qui pourraient avoir été adoptés avec raison par d'autres, tandis qu'ils n'en seraient pas moins inapplicables pour vous.

Nous prenons votre champ dans ses conditions actuelles et quelconques de culture, et, si vous n'avez jamais tenté jusqu'à présent de semer en lignes ou par touffes, nous vous montrerons les effets de ce procédé chez vous-mêmes, où assurément un coin de terre se trouve cultivé de la sorte, ne fût-ce que pour quelques plantes légumineuses. Là, considérez, nous vous dirons, l'effet constant d'une culture qui laisse à chaque plante sa part d'air et de lumière.

Oui, quel que soit l'état du sol, quels que soient sa nature et l'assolement suivi, il est toujours vrai que le coin de terre cultivé en carrés et plates-bandes dépasse, toutes autres conditions même étant égales, le champ qui l'avoisine. D'où vient essentiellement cette différence?

Si nous pouvons répondre avec certitude à cette question, et prouver à l'évidence que le fait principal qui l'établit consiste dans la meilleure distribution de l'air, de la lumière et de l'engrais, il ne nous restera plus qu'à démontrer que les procédés nouveaux que nous allons décrire rendent facilement et économiquement applicables à l'agriculture, à la culture des champs, des soins et des pratiques qui, jusqu'ici, n'avaient pu être donnés qu'à des cultures restreintes.

L'observation judicieuse et suivie d'un homme (1) qui a passé sa vie à l'étude de ce problème et à la recherche de sa solution l'a conduit à la découverte de plusieurs instruments nouveaux, indépendants les uns des autres, et néanmoins également nécessaires au but unique et commun de leur emploi.

Ce sont

1° *Un rayonneur-sarcloir*, servant encore à biner et à butter comme de besoin;

2° *Un semoir à poquets,* déposant simultanément la semence et un engrais approprié.

Le premier de ces instruments est destiné à diviser le terrain en échiquier d'une exactitude géométrique sans exiger l'emploi minutieux du cordeau.

Par son moyen on réserve à chaque plante la proportion exacte de terre et d'air que son espèce exige, et l'on facilite infiniment les menues cultures.

Le second de ces instruments permet de déposer rapidement et avec régularité la graine au milieu d'un cercle d'engrais pulvérulent.

Par son moyen on épargne du tiers aux trois quarts de la semence, et on économise plus de moitié de l'engrais. En effet, celui qu'on répand uniformément doit opérer également partout, et ainsi il vient alimenter la mauvaise herbe, non-seulement en privant la plante cultivée d'autant de principes fécondants que la plante improductive a pu en absorber, mais en développant celle-ci en opposition et au détriment de celle-là.

La plante semée à la volée était privée, cent fois sur

(1) M. le professeur le Docte, directeur de l'institut agricole de Thourout, en Flandre.

une, d'une des conditions de son existence, d'une place suffisante dans l'atmosphère, et plus souvent encore d'une place suffisante dans le sol, ou de l'engrais nécessaire à son alimentation que le hasard seul mettait à sa portée.

Ces vérités découlent d'un ordre de faits extrêmement faciles à vérifier, et il est aisé d'en tirer la conséquence « que la condition d'une culture perfectionnée « est de réserver à chaque germe les conditions de son « existence. »

On serait tenté de se demander comment un théorème aussi simple semble avoir été méconnu si longtemps, et pourquoi depuis la plus haute antiquité il paraît qu'on s'est contenté de semer à la volée.

Mais la réponse la plus péremptoire à cette question ne serait-elle pas que c'est précisément parce que la solution du problème, indifférente autrefois, est devenue un besoin de notre époque, que le génie de l'homme est parvenu à la trouver; ou, en d'autres termes, disons que c'est là un de ces grands bienfaits de la Providence que Dieu laisse tomber de sa main puissante à l'heure des nécessités.

Alors qu'une terre étendue et féconde ne manque pas à la main qui ensemence, le laboureur parcourt un espace en rapport avec la récolte voulue.

Mais lorsque le sol divisé, resserré, doit nourrir une population exubérante, pressée, il ne s'agit plus de demander à la terre le plus de blé avec le moins de peine et d'instruments possible, mais d'obtenir au prix de plus de travail, de sciences et de méthode le plus de produits sur le moins d'espace possible. De nos jours mêmes il doit importer peu aux propriétaires des vastes plaines qui écoulent leurs produits par la mer

Noire d'augmenter encore leurs récoltes; mais il en est autrement pour les cultivateurs de l'Europe occidentale.

Là, ménager la semence et accroître à la fois le produit devient un phénomène capable de modifier aussi avantageusement que profondément tout l'état social. Un tel progrès peut prévenir, d'un côté, la misère, et féconder, de l'autre, pour plus d'un siècle le commerce et l'industrie.

Ainsi est venue la découverte de l'imprimerie, et plus récemment celles des chemins de fer et de la télégraphie électrique; quelques siècles plus tôt, et l'imprimerie n'eût été peut-être qu'une superfétation. On pourrait douter si les chemins de fer, il y a un siècle, eussent été les bienvenus.

L'esprit national français, essentiellement logique, procède sans légèreté dans l'examen des faits, et, ce qui en témoigne peut-être le mieux, c'est la sage circonspection avec laquelle les découvertes agricoles douteuses ont été reçues jusqu'à présent en France. Peu de ces découvertes, en effet, étaient en rapport avec l'état actuel de notre agriculture, et l'introduction imprudente d'améliorations anticipées aurait produit plus d'un mécompte, et par là même causé plus d'un retard aux véritables progrès.

Le système nouveau d'agriculture en quinconce a le mérite particulier, infini, de constituer un immense progrès et de s'approprier indifféremment à toute culture, à tout sol, à toute condition de travail ; il modifie tout et ne change rien; il ne détruit aucune méthode et les améliore toutes.

Il ne s'attaque même à aucun préjugé, et néanmoins il finira par nous y soustraire.

Il n'y a pas jusqu'aux jachères mêmes que le nouveau système ne respecte; et, là où l'on entend encore ne pas pouvoir s'en passer, il viendra s'annoncer comme étant lui-même une sorte de jachère partielle et continuelle, entremêlée d'une culture régulière et constante; et, au fait, s'il fallait produire nécessairement pendant plusieurs années de suite, sur un même terrain, une même plante, ce serait par la culture en touffe qu'il serait le mieux permis d'espérer d'y parvenir.

Notre travail qui va suivre comprendra une partie descriptive et didactique du système et de ses moyens d'application.

Nous y donnerons place aux rapports, aux notes, aux constatations de faits et d'expérimentations qui nous sont connus, et nous le terminerons par le compte rendu des essais récents effectués dans quelques départements.

Quelques mois à peine nous séparent de l'époque où nous aurons à publier les résultats certains, les avantages reconnus et prouvés, des opérations faites en France et autour de Paris même.

CHAPITRE PREMIER.

Description des procédés de la culture en quinconce.

M. de Gasparin, ce maître de la science agricole, nous enseignait, dans son *Cours d'agriculture* (vol. III, f° 657), que la culture du blé en touffe avait des avantages qui dépassaient ceux de tout autre mode de culture; seulement le savant agronome n'osait pas encore la proposer ni la signaler comme arrivée à l'état de méthode pratique. Voici comment il s'exprime :

« Le semis du blé en touffe a été essayé sur un assez « grand nombre de points. Nous en avons vu des résul- « tats très-remarquables obtenus à Montbelliard, en « Allemagne, et, par M. le comte de Bonneval, dans « les landes de Bordeaux. Cette culture, exigeant beau- « coup de main-d'œuvre par la manière dont elle a été « pratiquée jusqu'ici, ne serait propre qu'à des champs « de peu d'étendue ; l'observation qui a conduit les in- « venteurs de cette méthode a été la beauté des tiges « et des épis situés sur les bords d'un champ comparés « à ceux qui sont au milieu; l'isolement des touffes fait « que, comme ils le disent, *tout est bon ;* ensuite il est « facile de cultiver l'intervalle des touffes, et de tenir la « terre dans un état constant d'ameublissement qui y « maintient la fraicheur ; enfin l'engrais déposé au pied « des touffes s'y trouve plus à portée des plantes. Dans « la culture de M. de Bonneval, les poquets dans les- « quels il semait le grain avaient $0^{m},20$ de diamètre et « étaient séparés de $0^{m},30$ dans un sens et de $0^{m},50$ « dans l'autre (1). On les creusait d'un seul coup de

(1) Chaque poquet occupait donc un espace carré de 39 centimètres environ de côté, et il y aurait, par conséquent, 60,606 poquets sur un hectare.

« houe ; on déposait au fond la quantité d'engrais qui « aurait été répandue dans la culture ordinaire ; on « recouvrait le fumier de $0^{m},03$ de terre, sur lequel « on plaçait dix grains de blé qu'on recouvrait aussi de « $0^{m},03$ de la même terre. La dose d'engrais, pour ob- « tenir 3,000 kilog. de blé, étant celle qui pourrait « contenir 281 kilog. d'azote, en calculant sur l'ali- « quote de 0,28, si nous employons du fumier d'étable « qui dose 0,40, nous aurons, par hectare d'un ter- « rain qui n'aurait d'avance aucune fertilité naturelle, « 70,250 kilog. de fumier, ce qui nous donnerait « 7 kilog. par mètre carré et 1 kilog. 50 gr. de fumier « par poquet. La touffe ne tarde pas à se développer ; « elle est cultivée au pied et buttée en temps utile ; elle « talle beaucoup et produit un grand nombre d'épis « bien garnis. M. de Bonneval nous assurait que la ré- « colte reproduisait l'équivalent de la totalité de l'en- « grais ; mais il n'indiquait pas la fertilité acquise du « champ. En traitant ces plants comme on traite des « orangers en caisse ou des bœufs engraissés à l'étable, « en épargnant aux racines un long trajet pour aller à « la recherche de l'engrais, en maintenant la circulation « de l'air autour des tiges, il obtenait des plants d'une « beauté et d'une élévation remarquables, et que la « Société d'agriculture de Paris a pu admirer dans les « échantillons qu'il nous a transmis ; il ne manquait à « sa communication que le compte de revient ; nous « croyons néanmoins qu'il se soldait en bénéfice.

« M. Auguste de Gasparin diminue les frais de ces « cultures à poquets au moyen du rouleau que nous « avons décrit dans la mécanique et dont nous avons « parlé dans le chapitre de culture. »

D'innombrables faits sont venus confirmer cet enseignement, et démontrent les avantages que l'agriculture peut retirer de la culture en touffes ou poquets réguliers.

Nous citerons encore ici les résultats signalés récemment par M. Sauvaige de Guizancourt, tels qu'ils sont rapportés dans le bulletin n° 10 de 1854 du comice agricole de Saint-Quentin.

« Les semis réguliers à la main se font avec des avan-« tages considérables dans la petite culture :

« Un homme pour percer les trous et un enfant « pour placer les semences suffisent, quand on a pu « tracer les lignes avec un rayonneur; autrement il faut « se servir de cordes tendues, et il est bon d'employer, « sur le même champ, deux hommes et deux enfants « qui sèment sur deux lignes dans un sens opposé, afin « d'arriver en même temps aux extrémités pour repla-« cer les cordes (on comprend qu'il en faut deux) : on « les éloigne de 17 à 20 centimètres suivant la quantité « d'engrais que contient la terre.

« Les trous sont percés le long des lignes de 15 à « 20 centimètres de distance, avec un plantoir ne pou-« vant s'enfoncer qu'à 6 ou 7 centimètres, car il est es-« sentiel que la semence ne tombe pas à une plus grande « profondeur ; un plantoir à deux broches est préférable « à celui qui n'en a qu'une seule, attendu qu'une tra-« verse en fixe l'enfoncement, mais on peut se servir « d'un plantoir n'ayant qu'une seule broche avec une « partie saillante, s'arrêtant à la surface du sol et dis-« posée de manière à presser la terre pour qu'elle ne « tombe pas dans les trous, lesquels doivent avoir envi-« ron 6 centimètres de diamètre; l'enfant qui suit le « perceur met une pincée de 3 à 5 grains dans chaque « trou; si le piétement du perceur ne suffit pas pour

« boucher ces trous, il faudrait passer la herse après « l'ensemencement ; on voit que l'opération est bien fa- « cile ; elle est en usage dans plusieurs villages du dé- « partement du Nord, notamment dans les environs de « Valenciennes ; elle présente une très-grande éco- « nomie, car il ne faut que 36 litres de blé par hectare

« à raison de 35 c. le litre, soit. . .	12 fr.	60 c.
« Quatre ou cinq journées d'un homme « et d'un enfant suffisent pour ense- « mencer un hectare, soit pour main- « d'œuvre environ.	12	»
« Total de la dépense. . .	24	60
« L'ensemencement à la volée exige « 2 hectolitres 35 litres de blé à 35 c., « ci. . . . . 82 fr. 25 c. « Et pour le semeur. 1 »	83	25
« Économie sur l'ensemble d'un hec- « tare.	58	65
« On a récolté 12 hectolitres en sup- « plément des ensemencements à la vo- « lée à 20 fr. l'hectolitre.	240	»
« Bénéfice sur un hectare de blé semé « à la main.	298	65

« Tout exagéré que paraît être ce résultat, il a été « obtenu partout où l'on a fait l'opération que je décris.

« On voit combien il serait à désirer que les semis en « ligne se propageassent, car on économiserait une im- « mense quantité de blé par la semence, et la récolte « deviendrait infiniment plus forte.

« On peut obtenir des avantages analogues sur les « autres céréales. »

Ces résultats sont concluants, et c'est pénétré des avantages que ce mode de culture devait procurer à l'agriculture, que M. le Docte a cherché à en rendre l'application pratique et facile.

Dès les débuts, quelque imparfaits qu'étaient alors les instruments, les avantages du système furent bientôt reconnus.

Nous les trouvons mentionnés dans un article de l'*Echo agricole* de Paris du 27 janvier 1853, n° 11, pris dans un rapport de M. le chevalier Peers, membre de la chambre des représentants belges, dont nous extrayons ce qui suit :

« Le plantoir mécanique est l'une des inventions les
« plus ingénieuses et l'une des conceptions les plus
« utiles qui se soient produites dans l'industrie agri-
« cole. Cet instrument est aussi convenable à la petite
« qu'à la grande culture, et paraît destiné à modifier
« complétement le système suivi jusqu'à ce jour par la
« masse des agriculteurs.

« Modicité de prix, facilité d'emploi, économie de
« temps et d'engrais, par suite de la répartition plus
« rationnelle des matières fertilisantes employées, tout
« cela ne donne qu'une faible idée des avantages im-
« menses que procure le nouveau plantoir dans l'ex-
« ploitation des terres à racines sarclées. Par l'emploi
« de ce précieux appareil, non-seulement les engrais
« sont épargnés par une meilleure distribution, mais
« les frais de sarclage sont encore réduits dans des
« proportions considérables. Or on sait que la dé-
« pense énorme de main-d'œuvre exigée par les plantes-
« racines a toujours été considérée comme un des plus
« grands obstacles à la production de ces végétaux.

« Pour suivre le nouveau système, deux instruments

« suffisent, le plantoir et le rayonneur-sarcloir. De la « manière dont la graine est placée en terre avec le « concours de ces appareils, on peut donner à la plante, « depuis sa levée jusqu'à son complet développement, « autant de sarclages, de binages ou de buttages qu'on « le juge nécessaire, en ne s'imposant que de faibles « frais de main-d'œuvre. En un mot, la culture des ra- « cines en plein champ s'est transformée en culture « jardinière; elle a pris sa place et l'a même détrônée, « car avec cette méthode on obtient des produits bien « plus considérables qu'on ne les récolte d'ordinaire « dans les jardins légumiers.

« Mais plaçons-nous sur le terrain des faits, et voyons « par l'expérience si le système que nous nous trouvons « heureux de pouvoir préconiser ne mérite pas la plus « haute approbation de tous les amis du perfectionne- « ment agricole. C'est en rendant un compte exact et « consciencieux des essais comparatifs auxquels le plan- « toir mécanique a été soumis, qu'on pourra savoir à « quel procédé on pourra accorder la préférence; à « l'aide de pareilles applications il ne sera nullement « difficile de faire un choix, car les résultats que nous « allons consigner ici ont été recueillis sous nos yeux « et constatés par un grand nombre de praticiens jouis- « sant de beaucoup de considération.

« A la fin de mars 1852 un hectare de terre, de na- « ture sablonneuse, reçut une fumure de trente voitures « d'engrais de ferme, et fut divisé en deux parcelles « égales pour être ensemencées de betteraves : l'une à « la main, l'autre au moyen du plantoir mécanique.

« Le rayonneur-sarcloir, dont le premier but con- « siste à sillonner la surface du sol en échiquier, fonc- « tionna pendant cinq heures, conduit par un seul

« homme. Ce travail donna lieu à une dépense de « 54 centimes.

« Le semis des 50 ares, effectué au plantoir, exigea « quatre journées de femme, soit une dépense de « 3 francs. Au moment de la levée des plants, c'est-à- « dire vers la fin d'avril, le rayonneur, monté en houe- « sarcloir, fut mis en usage pour détruire la végétation « parasite; deux hommes furent occupés à ce travail « pendant une journée, et les frais de l'opération s'éle- « vaient à 2 fr. 16. Quelques jours après, trois femmes « éclaircirent les plantes et exigèrent pour leur salaire « 2 francs. Le 15 mai, deux hommes firent de nouveau « fonctionner le rayonneur-sarcloir pour donner un « grand sarclage aux racines. Enfin un bon buttage, « pratiqué à la mi-juin avec le même instrument, clô- « tura la série des travaux auxquels la terre fut sou- « mise pendant toute la croissance des plantes; ces deux « dernières opérations entraînèrent encore à une dé- « pense de 5 fr. 40.

« Ces 50 ares de terre, semés régulièrement, pro- « duisirent 27,000 kilogrammes de betteraves, après « avoir exigé 110 francs pour engrais de ferme, 24 francs « pour guano, 3 francs pour graines, 14 fr. 10 pour « main-d'œuvre, 8 francs pour arrachage et mise en « silos, soit en tout 159 francs.

« Les 50 ares formant la seconde parcelle furent en- « semencés à la main. Le sol reçut la même quantité « de fumier et de guano que dans le cas précédent. « Quinze jours après la levée des plantes, un premier « sarclage eut lieu à la main; quatre femmes y furent « occupées pendant cinq jours. Le deuxième sarclage « se donna au commencement de juillet, et exigea une « main-d'œuvre égale à celle qui avait été consacrée à

« l'opération précédente. Les frais occasionnés par ces « travaux s'élevèrent à la somme de 32 fr. 50. Enfin « la dépense nécessitée par l'achat des semences, par « l'arrachage et la mise en silos des racines fut de « 11 fr., ce qui éleva les frais de culture à la somme de « 177 fr. 50 répartis sur les articles suivants : 110 francs « pour engrais de ferme, 24 francs pour guano, 32 fr. 50 « pour sarclages, et 11 francs pour grains et frais de « récolte.

« Il y a là, comme on le voit, 18 francs en faveur du « nouveau système; mais, quoique l'économie réalisée « soit déjà d'une importance assez grande, elle paraîtra « tout à fait secondaire quand nous aurons fait remar- « quer que la parcelle de 50 ares, ensemencée avec le « plantoir, a produit 27,000 kilogrammes de betteraves, « tandis que le rendement de la parcelle à la main ne « s'est élevé qu'à 20,000 kilogrammes. C'est, en effet, « une augmentation de récolte de 14,000 kilogrammes « par hectare, chiffre qui correspond, dans les établis- « sements sucriers, à une valeur de plus de 250 francs.

« Ces différents calculs, qui nous mènent à constater « non-seulement les dépenses auxquelles donne lieu « l'application des deux systèmes, mais encore les ré- « sultats comparatifs que procure chaque mode de se- « mis, sont trop éloquents pour qu'il soit nécessaire « de les appuyer de considérations bien étendues. Il ne « sera pas inutile, cependant, de faire connaître, par un « résumé succinct, le prix de revient des produits ob- « tenus par chacune des deux méthodes.

« Si l'on porte à 70 francs la valeur locative du sol, « taux fort élevé eu égard à la qualité de nos terres, et « que l'on estime à 30 francs par hectare les autres « frais ordinaires, tels que contributions foncières, la-

« bours, hersages, etc., on trouve que les 50 ares de « terre semés au plantoir ont coûté, tous frais compris, « 209 francs, et les 50 ares semés à la main, 227 fr. 50. « A ce compte, et ayant égard au rendement de la ré- « colte, le prix moyen des 1,000 kilogrammes de bet- « teraves semées au plantoir est de 7 fr. 75, tandis « que celui des 1,000 kilogrammes de betteraves se- « mées à la main s'élève à 11 fr. 37. Cette différence « est tellement considérable, qu'on aurait peine à l'ad- « mettre, comme résultat d'un fait accompli, si elle « n'avait été établie par l'expérience au vu et au su « des principaux agriculteurs des environs de Bruges. « Or, nous en appelons au jugement de tous les hommes « éclairés, n'y a-t-il pas là une véritable révolution « à faire naître dans la culture des racines, au pro- « fit de l'industrie agricole et des établissements su- « criers?

« Malgré les résultats brillants que nous avons ob- « tenus d'un premier essai, nous n'avons pas voulu « nous borner à un seul exemple; d'autres expériences « ont donc été faites. Voici les détails de celles qui ont « été tentées sur la production des navets :

« A la fin de mai 1852, 2 hectares de terre de même « nature furent emblavés de rutabagas ou navets de « Suède; de même que pour les betteraves, on donna « au sol une fumure composée d'engrais d'étable, et « l'on répandit, comme supplément, 400 kilogrammes de « guano sur la parcelle entière. La moitié du terrain fut « semée à l'aide du plantoir et traitée, jusqu'à la récolte « des racines, avec le rayonneur-sarcloir. L'autre moitié « fut ensemencée et sarclée à la main, comme il a été « dit plus haut à propos de l'expérience faite sur la « culture des betteraves.

« En fin de compte, les semis effectués d'après le nouveau système produisirent 30,500 kilogrammes de « rutabagas, tandis que le champ où la semence avait « été répandue à la main donna à peine 26,000 kilo- « grammes de racines. Cette différence, quoique beau- « coup moins sensible que celle dont il a été fait men- « tion au précédent essai, mérite déjà d'être prise en « sérieuse considération ; mais elle eût évidemment été « plus considérable, si le terrain semé au plantoir n'a- « vait subi, précisément au moment des semailles, des « contrariétés atmosphériques dont le champ semé à la « main fut complétement préservé.

« Enfin il faut ajouter que, partout où le rayonneur- « sarcloir a fonctionné, les terres étaient beaucoup « mieux purgées des mauvaises herbes que là où le sar- « clage a été effectué à bras d'homme à l'aide de la ra- « sette. C'est là un nouvel avantage de la culture des « racines en carrés et de l'emploi de la machine qui « sert de complément au plantoir, car il est très-bien « constaté que la destruction des plantes adventices « exerce une influence des plus heureuses sur la pro- « duction des céréales qui succèdent aux récoltes « d'été.

« Concluons donc en disant que ce système est des- « tiné à rendre des services immenses à l'industrie agri- « cole. Nous n'hésitons pas à le proclamer tout haut : « l'exposition de Londres, que nous avons visitée avec « une attention scrupuleuse, contenait, sans doute, « beaucoup d'instruments aratoires très-utiles et très-re- « commandables; mais, parmi cette série si nombreuse « de machines, il n'en est pas une qui eût pu rivaliser, « pour le mérite, avec le plantoir dont nous venons « d'esquisser les avantages. »

Depuis, notre attention, portée sans cesse sur le perfectionnement de nos instruments, nous a fait découvrir les notables améliorations qui permettent aujourd'hui de cultiver nos champs en quinconce.

C'est cette découverte que nous venons signaler. Elle résout le problème de produire plus, à moins de frais, dans toutes les conditions de l'agriculture.

Et d'abord, signalons que notre système comporte aussi une notable amélioration dans la position hygiénique des travailleurs, qui font leur besogne avec plus grande facilité, et sans devoir même s'agenouiller sur le sol, tantôt froid et humide, tantôt brûlant et exhalant souvent des miasmes que la proximité de la respiration rend d'autant plus dangereux.

Outre cet avantage, notre système donne :

économie de main-d'œuvre,

économie de semence,

économie d'engrais,

économie de capital,

et enfin augmentation de production et amélioration du sol.

Pour faire comprendre comment notre nouveau semoir peut procurer de tels avantages, il sera nécessaire de relater les particularités qui s'y rattachent.

Notre semoir a pour but d'effectuer les semailles de diverses espèces de graines en rectangles, de telle sorte que les jeunes plantes présentent, à leur sortie de terre, des lignes régulières dans toutes les directions.

Il sert aussi à répandre sur le sol, en même temps que la semence, des engrais pulvérulents de toute espèce.

L'économie de main-d'œuvre résulte de ce que le travail est rendu plus facile par la régularité des plantations, régularité qui permet de faire mécaniquement les opérations des menues cultures dans les deux sens du champ.

Les semis au semoir à poquets sont moins expéditifs que ceux exécutés à la volée, ou à l'aide des semoirs mis en pratique jusqu'à ce jour. Par notre méthode, cependant, un homme, trois femmes et un enfant peuvent, dans des terres ordinaires, sans l'aide d'autres moteurs, ensemencer et recouvrir un hectare par jour.

D'abord l'homme trace les rayons en échiquier; les femmes manient le semoir et sèment à la place voulue simultanément la graine et l'engrais; l'enfant amène la semence et l'engrais; il peut aussi, dans certains cas, concourir à traîner la brouette.

Puis l'homme, à l'aide de la brouette armée de dents et d'un rouleau, recouvre immédiatement la graine et l'engrais.

Les opérations subséquentes de sarclage, de binage, de buttage se font régulièrement à raison d'une journée d'homme pour la première opération, et de deux journées pour chacune des deux autres. Il y a diminution du quart dans ces mains-d'œuvre lorsqu'on opère à l'aide d'un cheval avec trois brouettes à la fois.

Ces menues cultures se font avec rapidité, facilité et exactitude; tout travail à la main se trouve surpassé, non-seulement en ce qui concerne l'exécution, mais aussi quant aux effets qu'il produit sur le rendement des récoltes.

Avec notre méthode les frais *d'éclaircissement* ou d'espacement sont très-réduits, les semailles étant faites à la place où les plantes doivent croître. Lorsque le temps contrarie les semailles, notre système offre encore l'avantage de pouvoir les effectuer tardivement sans aucun préjudice.

L'économie de main-d'œuvre peut être évaluée du cinquième à la moitié selon l'espèce de culture, et elle est surtout progressive dans la grande culture.

L'économie de semence et d'engrais est très-considérable. Au lieu de semer à la volée plus ou moins régulièrement sur toute l'étendue du sol, ou au semoir sur toute la ligne, comme cela se pratique, notre instrument ne dépose la semence et l'engrais que de distance en distance à dosages déterminés, dosages qui se trouvent réglés à volonté dans le mécanisme de notre semoir, et qui ne sauraient être mis en défaut par la maladresse ni par le mauvais vouloir des travailleurs. Il assure ainsi la levée de la quantité voulue de graines. Celles-ci, mieux espacées et mieux nourries, par l'aérage, par la disposition des engrais déposés tout autour des semis, et par des sarclages, des binages, des buttages pratiqués durant la croissance des plantes, acquièrent de plus grands développements et permettent de suppléer au nombre par des plantes plus fortes, plus *turgides* et mieux grainées.

Les semences sont placées à profondeurs régulières et déterminées; elles sont immédiatement recouvertes de terre sans contact direct avec l'engrais, abritées contre les intempéries et mieux préservées de la destruction par les insectes, les oiseaux, etc., etc.

Le contact évité entre l'engrais et les semences prévient la destruction si fréquente des germes par les engrais puissants.

Ces plantations permettent une économie qui varie, selon les espèces, du tiers jusqu'aux trois quarts, et pour les céréales l'économie est encore beaucoup plus considérable; d'après notre méthode, l'emploi ne saurait dépasser 40 à 50 litres par hectare, tandis que l'ensemencement à la volée emploie, comme on le sait, depuis un hectol. 80 litres jusqu'à 3 hectolitres et plus.

Les engrais pulvérulents, étant déposés simultanément avec la graine qu'ils entourent, servent directement à alimenter les plantes et ne subissent aucune perte par évaporation, volatilisation, ou par la dissolution dans les eaux pluviales.

Il en résulte une économie des deux tiers dans les engrais employés aux semailles. Ainsi, au lieu de 300 kilogr. de guano du Pérou, on n'en emploie que 100 kilogr. par hectare.

Mathieu de Dombasle avait calculé que le prix de l'engrais entrait pour 8 centimes dans celui du pain. Une réduction de moitié en ferait donc une de 4 centimes par kilogramme de pain.

L'économie du capital découle nécessairement des conditions économiques qui précèdent, de l'épargne dans la première mise de l'engrais ordinaire, tandis que, sans surcroît de dépense, nos instruments remplacent tous autres, tels que la houe à cheval, etc., etc., servant au même usage.

L'augmentation de production est prouvée dans toutes nos nombreuses expériences; elle n'a jamais été moindre de 10 à 30 pour 100 : nous pouvons aujourd'hui promettre ces résultats comme étant définitivement acquis à l'agriculture, dans quelque condition qu'elle se trouve, en adoptant notre méthode.

L'amélioration du sol naît directement d'un meilleur ameublissement, de la désagrégation de l'argile, de l'assèchement convenable, de la destruction complète des mauvaises herbes, et, si l'on veut, d'un état de repos ou de demi-jachère.

La disposition des poquets et leur buttage en font autant de points élevés, soustraits à l'action fâcheuse des grandes pluies, qui ne sauraient enlever les principes fécondants que le semoir y a déposés, et permettent, au contraire, aux eaux un écoulement convenable.

Une planche annexée à cet opuscule représente une brouette armée du rayonneur, traçant ses lignes parallèles qui, croisées perpendiculairement par d'autres lignes tracées de même, indiqueront à leurs points de jonction la place où le semoir à poquets doit déposer la graine et l'engrais qui l'entoure.

CHAPITRE II.

Définition des nouveaux instruments.

L'appareil se compose de deux pièces distinctes, le rayonneur-sarcloir et le semoir à poquets.

Le rayonneur, monté sur une brouette spéciale, sert à conduire divers organes de l'instrument dans les menues cultures; ces organes sont mobiles et s'adaptent à la brouette, suivant l'utilité, simultanément ou séparément.

Le semoir sert à répandre sur le sol la semence et l'engrais.

La brouette est construite en fer et en bois, on la conduit à bras d'homme; elle peut, suivant les besoins ou l'importance de la culture ou la nature du sol, être traînée par divers moteurs.

Elle sert d'abord, avant les semailles, à diriger le rayonneur pour sillonner le sol en échiquier et, après les semailles, à conduire successivement les dents recouvre-graines et bineurs, le rouleau pour tasser le sol, les couteaux pour sarcler, et aussi le soc articulé pour butter.

Le rayonneur se compose d'une pièce en bois garnie d'une bande en fer sur laquelle s'adaptent des dents en fer, dents mobiles servant à sillonner le terrain; chacune d'elles peut être chargée d'un poids curseur servant à régler la pression que réclame la résistance du sol.

On fixe le rayonneur sur la brouette à l'aide de vis.

Cet instrument s'emploie lorsque le sol a reçu les labours et les hersages nécessaires avant d'être ensemencé, c'est-à-dire lorsqu'il est suffisamment ameubli et bien pulvérisé, et qu'on a fait passer le rouleau pour rendre le champ aussi plane que possible; ensuite on trace, à distance voulue, des rayons en échiquier dans les deux sens; puis on porte à la main le semoir dûment garni des semences et des engrais au dosage voulu; on le place successivement sur les points où se croisent les rayons tracés, et, par un mouvement de va-et-vient donné aux glissières à l'aide de la tringle, on fait tomber simultanément la semence et l'engrais d'une manière uniforme et à quantités déterminées.

Après cette opération, la brouette armée des dents recouvre-graines placées à distances voulues, en même temps que du rouleau compresseur, est ramenée sur le champ ainsi ensemencé.

Durant le cours de la croissance, les sarclages, les binages et les buttages se font aussi à l'aide de la brouette, avec aisance et dans les deux sens du champ. Ce travail s'effectue, en grande culture, par trois brouettes à la fois réunies à l'aide d'un palonnier spécial et traînées par un seul cheval.

Dans un article remarquable donné récemment dans les *Annales* publiées par MM. Londet et Bouchard, M. l'inspecteur général de l'agriculture, Boitel, faisait remarquer combien il est essentiel de procéder, dans les expériences agricoles, avec soin et mesure.

« Il faut, dit-il, *examiner scrupuleusement* toutes les
« causes qui ont pu concourir aux résultats que l'on a
« obtenus.

« Quand on rapporte une expérience agricole, on
« devrait, à l'exemple des chimistes et des physiciens,
« exposer fidèlement toutes les circonstances qu'on a
« observées, faire une description complète du sol, en
« indiquant les cultures précédentes, les fumures et les

« façons aratoires dont il a été l'objet, parler de la « méthode que l'on a suivie, des instruments dont on « s'est servi, des précautions dont on s'est entouré pour « rendre les résultats plus incontestables, et pousser la « sincérité et la bonne foi jusqu'à signaler les accidents « et les négligences qui peuvent entacher d'inexacti- « tude les chiffres que l'on a recueillis.

« La découverte de la vérité doit être le seul mobile « qui nous anime dans ces sortes de travaux. Il faut « observer avec impartialité et avec sang-froid tous les « phénomènes de l'expérience et se défendre de cer- « taines idées fixes qui, à notre insu, nous font dé- « sirer un résultat plutôt qu'un autre. L'expérimen- « tateur prudent et consciencieux doute facilement « et craint de se tromper ; il ne manque jamais l'oc- « casion de soumettre à de nouvelles vérifications les « résultats qui ne le satisfont pas complétement. »

Imbus de ces principes, nous nous empressons de déclarer que notre but invariable est de provoquer de toutes les manières les examens les plus sérieux et les plus attentifs.

Nous ne croirons avoir rempli la tâche que nous nous sommes imposée que lorsque des expériences multipliées, répétées en France, dans diverses conditions de culture et sous les yeux des hommes les plus compétents, auront justifié nos données et rendu témoignage, par les faits nouveaux, de l'exactitude de nos résultats.

Pour terminer, nous donnerons ici un rapport publié dans l'*Ami de l'ordre*, du 17 mars 1854, par l'honorable M. de Rainneville, ce zélé Nestor de notre agriculture; rapport dans lequel il a voulu consigner les avantages du nouveau système qu'il avait pris la peine d'aller étudier sur les lieux mêmes des premières expérimentations.

Ce judicieux et irrécusable témoin des résultats déjà obtenus a acquis ainsi une conviction qui mérite assurément que chacun cherche à former la sienne de la même manière, ou par des essais particuliers.

« Nous avons appelé l'attention des cultivateurs sur « l'invention du plantoir le Docte, dans l'*Ami de l'ordre* « du 15 février.

« Depuis cette époque, nous avons recueilli de nou- « veaux renseignements sur la méthode de culture, « qui est le résultat de l'application des ustensiles que « l'habile directeur de l'école d'agriculture de Thou- « rout (Belgique) a fait construire avec une rare per- « fection, et dont nous sommes en possession.

« Les amis de l'agriculture nous sauront gré de « mettre sous leurs yeux quelques-uns des nombreux « faits qui sont venus à notre connaissance, ainsi que « ceux que nous avons constatés dans la visite de quel- « ques champs, ensemencés à l'aide du plantoir, chez « un des plus savants agriculteurs des Flandres, le « baron de Peers du Pectiaux.

« Nous avons vu, chez lui, des champs de féve- « roles d'hiver offrant l'aspect d'une planche de jardin « la plus soignée.

« Nous avons vu aussi de superbes rutabagas par- « faitement conservés, et qui ont rendu 40,000 kilog. « à l'hectare, avec une économie considérable de se- « mence, de main-d'œuvre et d'engrais.

« Un autre propriétaire nous a dit avoir ensemencé, « l'an dernier, 40 hectares de betteraves, dont le pro- « duit a dépassé d'un cinquième celui que donnait la « culture ordinaire.

« Nous allons appliquer, dans le courant de ce mois, « la méthode le Docte à la culture de l'œillette, des

« pois, des fèves et des haricots. des betteraves, carot-
« tes, rutabagas et colzas.

« Nous l'appliquerons au blé, dans le mois de sep-
« tembre prochain.

« Voici l'extrait de plusieurs rapports qui nous ont
« été communiqués sur des essais comparatifs.

« Ces essais ont été faits sur des terrains dans des
« conditions identiques de préparation.

« Par hectare :

« BETTERAVES.

« Culture flamande,	Culture le Docte,
« Semis à la volée.	Distances, 0,38 sur 0,38.
« Coût des cultures, 156 fr.	Coût des cultures, 63 fr.
« Récolte, 47,000 kilog.	Récolte, 61,000 kilog.

« Culture au semoir.

« Distances, 0,40 sur 0,44.
« Coût des cultures, 165 fr.
« Récolte, 52,000 kilog.

« COLZAS.

« Culture flamande,	Culture le Docte.
« Frais de culture, 114 fr.	Frais, 58 fr.
« Récolte, 20 hectolitres.	Récolte, 29 hectolitres.

« *Rapport officiel du bourgmestre de Sainte-Croix.*

« COLZAS.

« Culture flamande.	Méthode le Docte.
« Frais de semence et cul- « ture, 50 fr.	Frais de semence et culture, 23 fr.
« Récolte, 26 hectolitres.	Récolte, 40 hectolitres.

« *Autres rapports.*

« CAROTTES BLANCHES A COLLET VERT.

« Culture ordinaire.		Méthode le Docte.	
« Frais,	120 fr.	Frais,	40 fr. 50 c.
« Récolte, 34,000 kilog.		Récolte, 42,000 kilog.	

« NAVETS.

« Culture ordinaire.		Méthode le Docte.	
« Frais,	80 fr.	Frais,	54 fr.
« Récolte, 26,000 kilog.		Récolte, 42,000 kilog.	

« FÉVEROLES.

« Culture ordinaire.		Méthode le Docte.	
« Frais,	112 fr.	Frais,	68 fr.
« Récolte, 26 hectolitres.		Récolte, 31 hectolitres.	

« HARICOTS NAINS.

« Culture ordinaire.		Méthode le Docte.	
« Frais,	93 fr.	Frais,	68 fr.
« Récolte, 23 hectolitres.		Récolte, 29 hectolitres.	

« BLÉ.

« Culture ordin. à la volée.		Méthode le Docte.	
« Frais,	151 fr.	Frais,	56 fr.
« Récolte, 24 hectolitres.		Récolte, 26 hectolitres.	

« SEMENCE.

« Semis à la volée.	240	litres.
« Par le plantoir le Docte.	40	—

« ENGRAIS DE GUANO.

« Culture ordinaire.	300	litres.
« Méthode le Docte.	150	—

« Des rendements aussi élevés trouveront bien des « incrédules, et, après avoir conversé avec les proprié-« taires belges qui les avaient obtenus, nous commen-« çons à les comprendre et à en trouver la raison.

« En effet, nous voyons que, dans l'évaluation des « frais d'un champ de blé, par exemple, on porte à « 240 litres par hectare la quantité ordinairement « employée pour semence.

« La plantation le Docte n'en emploie que 40 litres; « la fumure ordinaire en guano est de 300 kilogr.; « le plantoir le Docte n'en répand, avec la semence, « que 125 kilogr.

« L'action de l'engrais répandu sur un espace de « 8 à 10 centimètres est concentrée sur la touffe de « plantes qu'il environne circulairement; aucune herbe « parasite ne peut en absorber la substance, car les « binages la détruisent à peine levée.

« D'un autre côté, les intervalles qui séparent chaque « touffe de blé étant cultivés plusieurs fois dans le cours « de l'année, la terre ameublie attire les gaz fertili-« sants qui flottent dans l'atmosphère, et la vigou-« reuse végétation du blé en provoque l'assimilation.

« Voici donc :

« 1° Économie de semence de 2 hect. valant, année « moyenne,	40 fr.
« 2° Économie de moitié sur l'engrais, « valant aussi	40
« Total,	80
« Accrue de récolte de 3 hectolitres,	45
« Les frais de sarclage réduits de moitié,	15
	« 140

« Cette somme de 140 fr. à déduire d'un rende-
« ment ordinaire en abaisse le prix de revient, cela
« est évident.

« Nous espérons associer les propriétaires de notre
« département à la propagation de cette découverte,
« dont nous vérifierons les résultats à nos frais, et
« nous commencerons par provoquer l'organisation
« d'un atelier pour la construction de ces ingénieux
« ustensiles.

« On sera frappé, comme nous, de la diminution
« des frais et de l'augmentation régulière des produits.

« Il s'agit donc, ici, d'une révolution complète
« dans nos modes de culture, de fumure et d'asso-
« lement.

« Le principe repose sur le mode alterne, c'est-à-dire :

« 1 légumes, racines, colzas, œillettes;
« 2 blé.

« Qui ne voit qu'à l'aide de cet assolement il y a
« un accroissement considérable de substances ali-
« mentaires pour les hommes et pour les bestiaux? La
« multiplication de ceux-ci amène celle des engrais,
« et produit nécessairement un accroissement de ferti-
« lité qui conjurerait tout danger de disette à venir, si
« un tel système se généralisait.

« C'est à la grande propriété qu'est dévolue la mis-
« sion de garantir la sécurité du pays, en amenant
« l'agriculture au point de pourvoir à la subsistance
« de toute la population de la France.

« L'invention belge est donc digne de toute l'atten-
« tion des hommes que préoccupent les souffrances des
« classes pauvres.

« Elle crée une source de travaux doux et faciles « pour les femmes et les enfants, qui, en bien des « lieux, trouvent peu d'emploi. Elle économise les « semences et les engrais, dans une proportion consi- « dérable, qui couvre, seule, les frais de main-d'œu- « vre. Si l'expérience confirme nos présomptions, « elle nous mettra à portée de produire du blé à un « prix de revient, que nous n'aurions rien à redouter « de la concurrence de ceux d'Odessa et de l'Amé- « rique.

« Il nous faut une année d'étude pour être com- « plétement édifié sur ce point; nous n'épargnerons « rien pour nous mettre en état d'éclairer le pays sur « de tels résultats.

« On peut s'en rapporter à notre bonne foi sur les « déclarations que nous serons dans le cas de faire. « Chacun pourra visiter nos cultures et contrôler nos « assertions. Dans quinze à vingt jours, nous publie- « rons un premier rapport sur les frais de plantation.

« Amiens, 17 mars 1854. »

- *Signé* DE RAINNEVILLE.

CHAPITRE III.

Théorie de la culture par poquets.

Toute végétation est entretenue par une action atmosphérique; aucune plante ne saurait exister dans le vide, toutes s'étiolent quand l'air et la lumière leur manquent, et cela à proportion du défaut que leur font ces éléments de la vie végétale.

Nous n'entrerons pas dans l'étude des calculs et des observations de la chimie en cette matière. Il suffit, pour la question qui nous occupe, de justifier cette théorie en montrant qu'elle ne souffre pas d'exception.

Ainsi, dans la culture forestière, si on suppose un terrain boisé, abandonné à lui-même, il s'établira une lutte à mort entre les espèces d'arbustes et d'arbres dont les graines auront pu germer et croître.

Les armes de guerre, dans le règne végétal, sont l'absorption des rayons solaires et de l'influence atmosphérique. Mettre l'ennemi dans son ombre et lui enlever l'eau et l'air du ciel, voilà la victoire. Aussi, dès que la main de l'homme intervient, il prend la défense du faible. Son premier soin est d'abattre tout ce qui domine et étouffe l'espèce qu'il entend protéger.

Le système forestier de la culture de futaie sur taillis est encore un hommage rendu à la théorie de l'influence bienfaisante de l'espace libre, et, partant, des effets de l'air et de la lumière sur la croissance des grands végétaux (1).

(1) Les semis en poquets de notre système ont eu les plus avantageux résultats pour la création des sapinières; nous nous réservons de signaler séparément l'importance de son application au *reboisement* si désirable des localités impropres à l'agriculture.

D'un autre côté, si on entend cultiver une plante dans une vue particulière, comme le lin et le chanvre, par exemple, afin de leur faire produire une fibre plus fine, on a soin de rapprocher leurs plants, de les semer dru, afin de forcer la végétation à s'élever, à s'étioler même un peu.

Mais, si on ne voulait que récolter les graines de ces plantes, on les obtiendrait en bien plus grande abondance en laissant leur croissance s'opérer librement dans les conditions les meilleures de leur végétation.

Dans la culture des plantes nourricières de l'homme, on ne saurait donc trop s'attacher à une méthode qui laisse à la végétation toute sa force, qui détruit les plantes ennemies, et qui amène ainsi la fructification la plus complète.

Nous avons ici pour guide et pour garant, dans les principes que nous invoquons, le judicieux directeur de l'école impériale d'agriculture de Grignon. Il a parfaitement démontré les avantages et les inconvénients du semoir en ligne (1), et reconnu que ceux-ci devaient en limiter l'application, tandis que ceux-là ne seraient dus qu'à un plus grand espace vide laissé à côté des grains.

M. Bella est de ces hommes qu'aucune nouveauté n'entraîne aveuglément, qu'aucune théorie ne conduit à l'erreur, parce que, scrupuleux observateur des faits, il admet résolûment tout ce qu'ils constatent, et veut que les données théoriques découlent de la pratique; tandis que, trop souvent, on croit pouvoir soumettre celle-ci à des théories préconçues, ce qui est le moyen le plus sûr de se tromper.

(1) *Des semis en ligne*, par M. F. Bella. Paris, chez Mme Ve Bouchard-Huzard.

Le directeur de Grignon explique « comment les « *semis en ligne*, exigeant des labours plus profonds, « obligent naturellement à acheter des instruments « plus puissants, conséquence qui emporte la nécessité « d'avoir des animaux de trait, de taille plus grande « ou plus nombreux, ce qui emporte encore la néces- « sité d'accroître sensiblement le capital d'exploitation, « et ce n'est pas tout ; de ces premières nécessités dé- « coule le besoin d'augmenter les fumures à raison de « l'approfondissement du sol, et les bâtiments même « à raison de l'augmentation du bétail ; car il en faudra « davantage pour obtenir plus d'engrais, à moins de « pouvoir en acheter, ce qui n'est pas toujours pos- « sible ; car enfin *n'est pas riche qui veut*, et on a « beau prôner un progrès efficace, s'il dépend d'a- « vances considérables à faire, ce progrès sera souvent « impossible au cultivateur qui aura, d'ailleurs, à ba- « lancer ses avantages entre tous ceux qu'il pourrait « se procurer par une même dépense appliquée à d'au- « tres améliorations. »

La conclusion parfaitement logique de M. Bella est que la question du semoir en ligne est bien plus une question de système cultural qu'une question de procédés et de méthodes.

L'opinion de M. Bella, à ce sujet, devait le conduire nécessairement à être favorable à la culture par poquets, dont il a dit (page 24 de l'ouvrage cité) que le procédé « *était parfaitement motivé*, dès qu'on don- « nerait, à la manière des jardiniers, aux jeunes plantes « l'espace nécessaire au développement qu'elles doi- « vent prendre. »

Aussi avons-nous recouru, sans hésiter, à son expérience et aux moyens d'expérimentation dont il dispose, pour quelques essais qu'il nous a permis d'effectuer sous ses yeux, avec le zèle qu'il met toujours à seconder les études agricoles pratiques (1).

Nous ne doutons pas que notre agriculture en quinconce tournant toutes les difficultés reprochées justement au système des semis en ligne, ne nécessitant, d'une manière absolue, aucun changement dans les labours ni, partant, dans les dépenses auxquelles ce changement entraîne, ne demandant presque pas de nouvelle mise dehors, les nouveaux instruments de travail étant d'un prix très-minime; nous ne doutons point, disons-nous, que la nouvelle méthode de semer par poquet et en quinconce ne puisse s'étendre rapidement. Notre découverte est venue simplement remplir l'attente et les désirs des hommes les plus éclairés en cette matière, en résolvant le problème de l'application en grand de procédés incontestablement jugés utiles et bons.

En effet, nous ne pouvons nous dispenser d'extraire encore ici de l'opuscule cité que, « dans la Li-
« magne, cette région si avancée en agriculture, on
« est parvenu, à la main, à semer grain à grain et à
« biner à la houe de façon à obtenir la culture si re-
« marquable de froment sur froment. »

Nos instruments aratoires nouveaux étendront ce phénomène partout où on les adoptera.

(1) D'autres essais auront lieu à Trappes, chez M. Dailly, dont l'exploitation agricole est si intelligente et si avancée, et à Jouy, dans le domaine de M. le baron Mallet, qui a bien voulu seconder aussi nos expérimentations.

CHAPITRE IV.

Statistique.

La récolte de l'année dernière s'est élevée, en France, à 72,000,000 d'hectolitres; c'est la donnée officielle. Ce produit suppose 8,000,000 d'hectares cultivés en blé, à raison d'une quantité de 9 hectolitres environ par hectare, ce qui est encore la donnée officielle.

On a vu plus haut que l'ensemencement de chaque hectare, à la volée, exigeait de 2 à 3 hectolitres. Admettons une moyenne de 2 hectol. 50, nous aurons, pour les 8,000,000 d'hectares, 20,000,000 hectolitres de grain employé pour semence.

Qu'on veuille bien se rappeler que nous avons constaté (voir le tableau, page 21) que le maximum de semence en blé ne pouvait s'élever qu'à 40 litres par hectare, par l'emploi de notre semoir. Admettons-en 50, il nous restera 2 hectolitres de différence à l'avantage du nouveau semoir à poquets.

Cette différence ne fera pas moins de 16,000,000 d'hectolitres. 16 millions d'hectolitres! mais c'est plus du cinquième de la quantité de blé récoltée!

Nous sommes portés à croire que la réalité des faits ne doit pas être exactement telle. Nous nous défierons les premiers de ce chiffre, quelque bien appuyé qu'il paraisse être par une statistique certaine.

Prenons la moitié seulement de ces 16,000,000 d'hectolitres dépensés en ensemencement; réduisons-les à moitié, nous aurons 8,000,000 d'hectolitres, qui nous représenteront l'épargne, résultat incontestable de l'adoption de notre semoir. Cette économie est directe; bien plus, elle est antérieure à tout produit, et acquise dans toute circonstance quelconque de récolte.

Nous avons la preuve en fait (voir page 20 ci-avant) que le système de quinconce, avec le binage, le sarclage et le buttage, qu'il permet si facilement et presque sans frais, augmentera les produits des céréales de plus d'un quart.

Ce serait donc une très-grande modération de calcul de ne supposer en moyenne que 2 hectolitres d'augmentation.

Disons ainsi.	16,000,000
qui, avec les.	8,000,000
d'économie et d'épargne de semence, feront ensemble.	24,000,000

24 millions d'hectolitres de blé pourraient donc être produits annuellement par économie de semence, et par une augmentation de récolte obtenue presque sans frais et dans les conditions actuelles de notre agriculture. Nous ne relevons pas les autres avantages signalés déjà, qui consistent dans les économies d'engrais, de main-d'œuvre et de capitaux; conséquences nécessaires et prouvées de l'adoption du quinconce et des poquets partout où l'on pratiquera nos méthodes.

Mais nous ne devons pas négliger d'ajouter à cette augmentation de production *céréale* l'augmentation non moins importante des productions saccharine, herbacée et des racines.

Il faut y ajouter l'augmentation remarquable du produit des pommes de terre, qui sembleraient ne pas devoir profiter, autant que d'autres cultures, du bénéfice des nouveaux procédés, puisque ces tubercules étaient déjà plantés par touffes et recevaient des binages et des buttages successifs. L'expérience a parlé, et démontre que le champ, préparé au rayonneur et planté avec la régularité que cet instrument pouvait seul assurer, dépasse en production la culture ordinaire de près d'un dixième, en même temps que les frais en sont diminués dans une proportion considérable.

Ce qui résulte de la facilité des opérations de binage et de buttage, qui font partie intégrante de la culture des pommes de terre.

Nous pourrions nous étendre beaucoup sur les résultats de la culture des plantes industrielles, et nous trouverions aisément un chiffre d'avantages égal à celui donné par les cultures principales en céréales; nous nous bornerons à rappeler que le rapport de M. le chevalier Peers, cité page 13, a constaté un abaissement de prix pour la betterave, qui, au lieu de 11 fr. 37 c. les 1,000 kilog., se trouverait réduit à 7 fr. 75 c.

Nous laisserons, aux économistes et aux industriels engagés dans la grande branche de la production du sucre indigène, de tirer les conséquences qu'amènera une réduction aussi notable dans le prix de revient de leur matière première.

En transportant dans les données statistiques officielles les données certaines de la nouvelle agriculture, nous arrivons à reconnaître que la France augmenterait du tiers le chiffre total de sa production agricole annuelle.

La certitude de la possibilité de cet immense résultat est complète pour nous; mais nous savons combien il est dangereux de se complaire aux vérités statistiques pures, et qu'il est logique de n'en tirer que des conséquences pratiques et immédiates.

Sans doute, en raisonnant par abstraction de tout obstacle et en supposant l'adoption *générale* du mieux, on se fait un avenir immense de progrès; mais la question essentielle à poser est toujours celle-ci :

Quelle part de progrès ou d'amélioration est-il possible d'effectuer en un temps donné?

Si l'introduction de la nouvelle méthode et de ses moyens est laissée à l'initiative personnelle et privée de quelques particuliers, il est peu probable que le dixième seulement des 8 millions d'hectares cultivés en blé, en France, soit converti en culture en quinconce avant 100 ans, et encore cette marche suppose que 8,000 hectares par an reçoivent cette innovation.

On voit que les fruits de la découverte se recueilleraient lentement; le bénéfice immense du système viendra se confondre et se perdre, pour ainsi dire, dans la masse des faits nouveaux qui vont modifiant l'ordre social. Peut-être est-il même exact et réfléchi d'avancer que les améliorations les plus grandes s'effacent dans leurs conséquences providentielles, parce que l'homme oppose, en général, aux succès de son génie les revers de son inertie.

Comment échapper à cette lenteur fâcheuse de l'application des progrès les mieux assurés, et faire que le corps social sente l'effet immédiat et le bien-être soudain d'une grande innovation? Comment transmettre à toute une nation ces secousses électriques qui renouvelleraient ses forces, dissiperaient ses torpeurs et doubleraient sa puissance productrice?

Nous devons laisser cette question irrésolue; sa solution dépendra de la manière dont les grands propriétaires ou l'État apprécieront son importance et nous apporteront leur concours.

Paris (19, *quai Bourbon*), *mars* 1854.

A. VAN LANGENHOVE,
membre de la Société centrale d'agriculture, à Bruxelles.

JOSEPH MEEUS,
ancien vice-président de la commission d'agriculture du Brabant.

www.ingramcontent.com/pod-product-compliance
Ingram Content Group UK Ltd.
Pitfield, Milton Keynes, MK11 3LW, UK
UKHW032011260826
14628UKWH00005B/2429

9 782329 430102